成为小小园艺家

给孩子的趣味植物课

〔英〕埃丝特·库姆斯 / 著绘   洪薇薇 / 译

海豚出版社
DOLPHIN BOOKS
CIPG 中国国际出版集团

目 录
Contents

前　言　　　　　　　　　　　　　　03
新手入门工具　　　　　　　　　　　04
制订种植计划　　　　　　　　　　　05

春

自制种子培育器　　　　　　　　　　07
种植生食叶菜　　　　　　　　　　　08
种植樱桃番茄　　　　　　　　　　　09
种植土豆　　　　　　　　　　　　　10
种植草莓　　　　　　　　　　　　　11
种植胡萝卜和甜菜根　　　　　　　　12
种植豌豆　　　　　　　　　　　　　13
种植甜玉米　　　　　　　　　　　　14
种花　　　　　　　　　　　　　　　15
疏苗　　　　　　　　　　　　　　　16
园丁如何选"朋友"　　　　　　　　17

夏

种植南瓜　　　　　　　　　　　　　19
混栽　　　　　　　　　　　　　　　20
自制挂瓶式播种器　　　　　　　　　21
给草莓做个罩子　　　　　　　　　　22
测量向日葵和甜玉米的茎秆　　　　　23
制作干花　　　　　　　　　　　　　24
蜜蜂的作用　　　　　　　　　　　　25
节约用水小妙招　　　　　　　　　　26
自制洒水罐　　　　　　　　　　　　27
制作叶子艺术品　　　　　　　　　　28
夏日丰收季　　　　　　　　　　　　29

秋

收获甜玉米　　　　　　　　　　　　31
收获土豆　　　　　　　　　　　　　32
收获甜菜根 / 胡萝卜　　　　　　　33
堆肥　　　　　　　　　　　　　　　34
用花盆种植草莓　　　　　　　　　　35
收获野花种子　　　　　　　　　　　36
雕刻南瓜　　　　　　　　　　　　　37
打造昆虫房　　　　　　　　　　　　38
制作丰收花环　　　　　　　　　　　39

冬

为来年储备种子　　　　　　　　　　41
制作向日葵花盘喂鸟器　　　　　　　42
今年枯花茎，明年攀缘架　　　　　　43
种子如何生长　　　　　　　　　　　44
霜冻及低温环境下的种植技巧　　　　45
制作种子"炸弹"　　　　　　　　　46
制作爆米花花环　　　　　　　　　　47

前　言

最开始园艺种植时，我采用了类似俄罗斯轮盘赌的方法：种下一些种子，除了浇水外不去过多关注，然后等待它们存活的结果。虽然有时结果令人沮丧或懊恼，却不失趣味，也不占用太多时间，而且能和女儿分享。尽管在生活中，我有点完美主义——但我在园艺上很快妥协了，进入了放养模式。

女儿的新学校有一块土地，曾一度被垃圾占领，可谓珠玉蒙尘，但只需仔细打理呵护，就可以用作花园或菜园。在校方的许可和另一位了不起的妈妈的帮助下，我总算把园子收拾好了，还创办了一个园艺俱乐部。起初，我对自己是否具备足够的园艺知识来开展工作感到没底，然而，来自各方的帮助和自己充沛的热情促使项目成功进行。这一路走来，我时不时地会制作一些配有插图的小报来介绍我们的俱乐部，正是在这样的过程中，我萌发了撰写本书的念头。

这本书巨细无遗地讲述了我在与孩子们一起做园艺的过程中积累的经验，内容按四季划分，既有种植指南，也有手工制作工具的讲解。孩子们可以从园艺活动中收获许多知识。而且，你会发现，在积累了基本的园艺知识后，其他更多的知识也可以水到渠成地轻松获得。

本书的内容，并不局限于展示如何种植植物，也将展示伴随植物生长产生的数学、科学和艺术等方面的知识。你不需要在园艺上花费太多金钱或精力；无论你有多少空间和预算用于种植，你都将从本书中获得一些灵感。

我现在依然运营着园艺俱乐部，并且希望能长期做下去。我的小菜园和盆栽里的蔬菜都在茁壮成长，而我依旧只是佛系观望。只要和孩子一起做几小时的园艺，你就会爱上这件事。比如我，当我和女儿一起摘豌豆，听到她把豌豆比作"菜园里的糖果"的那一刻，我便立志要终身从事园艺事业！

感谢海蒂·安娜玛丽以及斯戴林·米尼斯小学园艺俱乐部的所有孩子们，你们使我受益匪浅。

致蒂纳凯，我最喜爱的园丁：让我们一起种出如糖果般香甜的豌豆，让我们种的南瓜每年都比爷爷种的大！

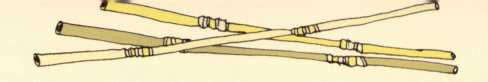

新手入门工具

作为园艺新手，究竟需要什么样的工具和物品呢？请看以下入门清单，你可以选择购买（在二手市场也可以淘到很不错的二手工具）或者自制。

园艺铲或小型铲子 想自制一个，请见本书第 38 页。

蛇舌叉 用来插入坚硬的土壤或挖掘较大的野草。

洒水罐 想自制一个，请见本书第 27 页。

手套 保护双手免受带刺野草或荨麻的伤害。

绳子 任何款式都行，不一定是园艺专用的合股线。

营养土 任何通用的营养土都可以。把买来的营养土和普通土按 1:1 的比例混合，效果更佳。想自制营养土，请见本书第 34 页。

气泡膜 冬季用来给植物保暖正合适。快递或商品包装中的气泡膜可以循环使用。

网 保护植物不被鸟类破坏。买一小卷网或者找一些旧的网状窗帘就行。

雪糕棒 完美的种子标记。

请园艺新手们一定要小心使用工具：沉重的叉子或者蛇舌叉掉到脚上会很疼的。另外，你可能想象不到室外阳光会有多炎热，所以要记得戴帽子，涂防晒霜，还要多喝水。

厨房用具也可用于园艺。金属勺可用来把籽苗装罐，木勺可用来挖播种的小洞。

藤条或木棍 用来支撑大型植物。可从树上或高大的灌木上采集，也可购买。

容器 大个儿且结实的袋子、塑料瓶或者各种盆罐都可以用来种植你不想种在地里的植物。小酸奶罐或果汁盒非常适合培育幼苗。

制订种植计划

事先做好规划，有助于成功种植植物，比如估算好种植面积以及选择合适的植物品种。

先收拾出 1~2 块 1 平方米左右的花床，用来种一些小型植物——对除草和浇水要求不高，小园丁们可以够得到花床的中央。有条件的话，选择朝阳的地点，充足的光照有利于植物生长。

用铁锹划出花床的边缘，铲起草皮，把草皮以下约 30 厘米的土壤用蛇舌叉翻松，把大土块敲碎，然后混入一些营养土。有些园艺爱好者可能会介绍更详尽的准备工作，不过就我个人经验而言，以上基础步骤也足够了。

如果你家没有开放式的菜园，可以在装建筑材料的大麻袋里填上营养土，在袋子底部扎几个漏水孔，一块简易的人造花床就制作完成了。

给花床划分出用于种植不同植物的清晰领域。

估算好每种植物和它的枝叶生长所需要的空间大小。记住，你的籽苗不会永远都是小小一棵。有的农作物（比如南瓜）需要很大的空间。

首次种植植物的建议：选择容易种植、成活率高、对生长环境不挑剔的水果和蔬菜！

南瓜

土豆

草莓

甜菜根

甜玉米

豌豆

豆瓣菜

向日葵

野花

我有一个很棒的计划：在最大的一块花床上种樱桃番茄。想了解更多，请见本书第 09 页。

在购买种子或幼苗时，要选择原生种，而非杂交种。原因请见本书第 41 页。

自制种子培育器

这是一种超酷的废物利用：全免费，制作简便，且只要将种子垂直插入土壤就大功告成。卡纸做成的卷芯会在土壤里降解，不用担心会伤害幼苗的根部。这些整洁的"小花盆"能够帮助你的种子健康发芽。

你需要

· 卷筒纸卷芯

· 剪刀

· 营养土

· 种子

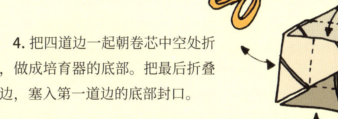

1. 把每个卷芯压平，然后撑开，把两个端点对齐再次压平，压出四个角，打开后卷芯呈方形。

2. 在卷芯一端，用剪刀沿着每个角上的折痕剪开2厘米，做出四道可翻折的边。

3. 把每一道边分别向内外两侧折叠做出折痕。

4. 把四道边一起朝卷芯中空处折叠，做成培育器的底部。把最后折叠的边，塞入第一道边的底部封口。

5. 在每个培育器里填入营养土，放入一颗或几颗种子，然后洒上少量水。卷芯做的培育器不防水，所以要把它们放在一个托盘上。可在卷芯外套上橡皮圈帮助卷芯稳定直立。

小颗粒的种子可以撒在土壤表面，上面只需覆盖薄薄一层营养土。较大的种子，如豌豆和扁豆，则要播种在土下约2厘米处，并覆上营养土。记得不要把种子埋得太深。

种植生食叶菜

生食叶菜的种植方法很简单，而且它的长势很快。收获时，从土壤上方几厘米处剪下叶子，随后很快又会有新的叶子长出来。正因如此，它们被称为"取之不尽的聚宝盆"。

1. 在准备种生食叶菜的容器里填上营养土，或者把菜地里的土壤翻松。

2. 用手指在容器的土壤或菜地里划出用来播种的浅槽。

3. 在浅槽里薄薄地铺上一层种子（每颗种子可能长出几株生食叶菜，因此不必播撒太多）。

4. 约一周后，种子就该发芽了。当叶子长得够大时，从距离土壤2厘米处剪下叶子。

要避免极端温度：生食叶菜经不起霜冻，但气温过高时又会萎蔫。隔一周后再用第二个容器播种，之后一周再种第三个，这样就能周而复始地收获了。

你也可以把一些营养土装进蛋壳里，在蛋壳里面种水芹，这可是个经典的种植秘诀了。

这些是你能吃到的最安全的蔬菜，从培育种子到装盘上菜，绝无任何有害的化学物质。种子便宜，数量又多，通常一包里能有几百颗。

你需要

• 一个容器

• 营养土

• 生食叶菜种子

种植樱桃番茄

即使没那么喜欢樱桃番茄的孩子，也会迫不及待地把小小的、圆圆的樱桃番茄大把塞进嘴里，享受美味的冲击。樱桃番茄，你值得拥有！

种植樱桃番茄需要注意哪些问题呢？樱桃番茄需要多照看。它们需要每天大约 6 小时的光照、湿润的土壤、稳固的支架和防风措施，还需要规律地施肥。樱桃番茄容易得病，种过樱桃番茄的土壤还不能重复利用。

解决方案：樱桃番茄属于小型灌木，需要的土壤并不是很多，非常适合栽种到花盆等容器里，可放在室内。樱桃番茄喜水，可以适当多浇水。且最好把樱桃番茄与其他植物分开种植，以免染病。好了，接下来开始种植可爱的樱桃番茄吧！

你需要

- 樱桃番茄种子
- 卷筒纸卷芯做的培育器
- 营养土
- 底部带透气孔的花盆

1. 把种子放入装了营养土的培育器（见本书第 7 页），放置在光照充足的窗台上等候发芽。

2. 当叶子长得超出培育器边缘时，把它们移入一个稍大一点的培育器。

3. 白天把樱桃番茄放在室外吸收阳光，等它们长结实了长大了再移入花盆。

准备培育器时，选择废旧的酸奶杯，在底部扎几个孔，就是很理想的容器了。

如果室内没有光照充足的地方，给培育器套上一个塑料袋，可以加速种子发芽。

种植土豆

土豆简直是园艺新手的福音。当一颗老土豆萌芽时，它就是在孕育新的土豆。将土豆切成几块，每块上面可以有 2 到 3 个芽，然后芽朝上种在一个空的鸡蛋盒里，放置在窗边等待抽芽。

你需要

- 几个发芽的土豆（也叫"种薯"）
- 空鸡蛋盒
- 带出水孔的种植罐或结实的袋子以及营养土
- 铲子

1. 当土豆发的芽长到几厘米长的时候，就可以种了。可以把它种在菜地、塑料桶、麻袋或结实的购物袋里。

2. 如果你种在袋子等容器里，往容器里混合填入营养土和土壤到大约三分之一的位置。把土豆放在表面，盖上营养土，然后浇水。如果你种在地里，可挖一条大约 30 厘米深的沟。把挖出来的土堆在沟的一侧，把土豆放在沟的底部，盖上大约一铁锹的土，并浇水。

3. 当土豆幼苗长到 10~15 厘米高时，往上填土直到幼苗仅露出几厘米为止（这个过程叫"堆小山"）。这一举措有助于提高产量。每当幼苗长出约 15 厘米高的时候，重复以上"堆小山"的步骤。

4. 如果种在容器里，"堆小山"堆到土壤达到容器边缘时，就让土豆自然生长。如果是种在地里，"堆小山"所需的土壤，可采用挖沟时堆放在一侧的土，用完后再从沟的任意一侧挖土继续堆到土豆上方。

"萌芽"是指土豆开始长出芽的过程。

在土豆种植季开始时，播种有抗病能力的"种薯"，收成更有保障。不过，我的收成一向挺好。我用来发芽的"种薯"就是厨房剩下的。

5. 当地里堆起的小山已经高出地面 30 厘米时，就可以让土豆自然生长了，只需要定期给它们浇水就行。

种植草莓

草莓美味又容易种植，是最能吸引孩子们"入坑"园艺的种植品种。我家菜园种的草莓，起初只有一小块面积，然而每年都不断发展壮大。现在，到了收获的季节，餐桌上每天都能有一碗草莓。这感觉太棒了！

尽管草莓可以从种子开始种，但要种好却不容易。从市场买来幼苗种植不失为简易又经济实惠的好选择。一旦草莓开始成长，你就不用再买幼苗了，因为草莓自身可以产生侧茎，从而产生新的植株。可谓是一本万利的投资。无论是将草莓种在地里还是容器里，都很适合它们生长，放在窗台上的长方形花盆和吊篮都是用来种草莓的理想容器。要多留意你的草莓——鸟儿们和孩子们都会对草莓念念不忘。

想知道如何把4~5株草莓幼苗同时种在一块菜地里吗？请见本书第35页。

野生草莓比起普通草莓，个头儿较小，口感较硬，略带酸涩，但仍然很美味。野生草莓的幼苗也比普通草莓的幼苗矮小。因此，如果你的种植空间不大，野生草莓是很好的选择。

野生草莓

普通草莓

把幼苗插到土壤里，深度如右图所示，接下来只需让它自由生长。草莓最好摆放在阳光充足的地方，天气热的时候要多浇水。

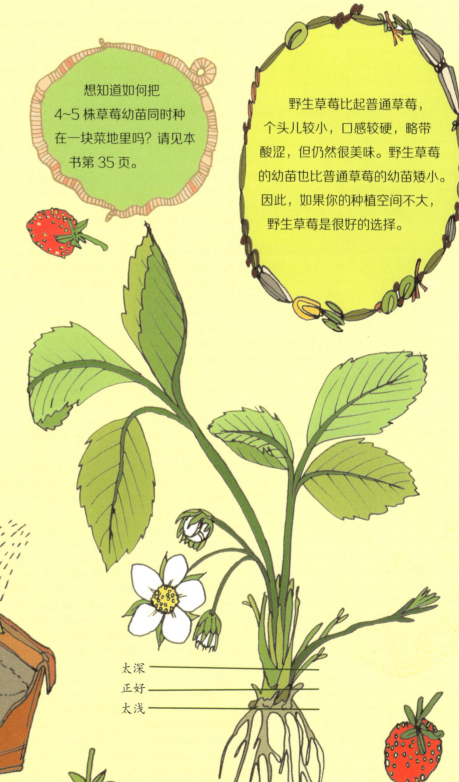

太深

正好

太浅

11

种植胡萝卜和甜菜根

作为菜园种植的经典品种，胡萝卜和甜菜根的优点显而易见：它们不需要授粉；它们是很容易保证收成的农作物；它们不怎么需要照顾（基本只需要除虫）。当你把它们从地里拔出来的时候，你会收获美妙的惊喜。这让人怎能不爱它们呢？

如果没有菜园的话，你可以用容器种植，比如比较深的水桶、木桶或装建筑材料的大麻袋。

1. 把菜地或容器里的土壤铺平整。如果在容器里种植，就把胡萝卜和甜菜根分别种在不同的容器里。

2. 用手指或小铲子手柄的顶端在小菜园的土壤里划两条线，以备播种——一排种甜菜根，一排种胡萝卜。

3. 袋装的种子一般会有说明，会提示你在播种时要注意的间隔距离，但我通常会忽略。只需在手里抓一小把种子，用手指像撒盐那样沿着划好的区域撒下种子即可，注意手要靠近土壤。

4. 当把两种植物分别种下后，在种子上轻轻覆盖一层土，并浇少量的水。

你是不是发现胡萝卜"走错片场"去了甜菜根那儿？这很常见！不过，胡萝卜和甜菜根的叶子很不一样，在它们成长的过程中，你还可以玩"猜猜我是谁"的分辨游戏。

甜菜根还是太空食品哦！1975年，苏联宇航员在零重力的状态下，为他们的美国同事煮了一大锅罗宋汤（甜菜根是主要原料）。